动物园里的朋友们

（第一辑）

我是狐狸

[俄]奥·沃尔科娃/文

[俄]奥·莫萨洛娃/图

于贺/译

江西美术出版社

全国百佳出版单位

最小的狐狸是耳廓狐，体重只有1.5公斤。

我是谁?

所有人都认识我，因为我是最漂亮、最聪明的明星呀！

看我的眼睛、耳朵、小尾巴、皮毛、脸庞还有牙齿，我是如此标致，除了我可没有其他动物这么可爱！幸运的是，我们也很随和，所以在哪里都可以生活，而且到处都能见到我们犬科动物家族的那些不太正经的亲戚们：北极狐、豺、狼、狗。对呀！对呀！我们和你们的狗狗们是亲戚呀！虽然我们认为狗是没有进化好的狐狸，性格粗鲁，与他们交流起来真的有些烦呢！

况且，我们还有更令人喜欢的伙伴呢：北美狐、阿富汗狐、孟加拉狐、沙狐、藏狐、耳廓狐……最后的这个小家伙的身长只有30厘米。而我则是另一个极端，我体格魁梧——不算上尾巴的话，身长60~90厘米。科学家们称我们这些红色美狐为“赤狐”。

狐狸的尾巴长40~60厘米，
大约是身长的一半。
你的体重可能还赶不上4只肥肥的狐狸！

沙漠、山区、草原甚至城市里都能看到狐狸的踪影。

我想住哪里就住哪里

我想住哪里就住哪里：欧洲、亚洲、非洲、美洲……以前狐狸并不生活在澳大利亚，但现在那里也住着我们的伙伴：人们把狐狸带了过去，可真是谢谢你们呀！我们也可以住在公园里，还能顺便到城市里去，因为你们人类的生活方式很有意思。我自己还在伦敦或华沙闲逛过呢，但人类真是太好笑了，竟然认不出我，觉得我只不过是只红色的狗狗罢了！

在欧洲生活着 1 000 000 多只狐狸。

有时，我们也允许人类对我们进行爱抚——但你们也要小心啦，如果我不喜欢的话，是会咬人的！

我不需要人类的陪伴，但偶尔也做好准备稍微忍受一下。对我来说，自由是最宝贵的。在野外，我们最多可以活到 7 岁；要是在人类的家里，一切应有尽有的情况下，我们可以活到 12 岁呢！

狐狸一年换毛2次。
冬天来临时，狐狸的
脚掌长满厚密的绒毛。
冬季的皮袜

我们的皮毛

我长得这么漂亮，摄影师一直跟在屁股后面拍我呢。原则上，我其实并不介意，就让他们拍吧！但是不要在夏天拍哦，因为我夏天穿的外套可没有那么厚实蓬松。所以，劳驾大家在冬天给我们拍照，这样才能尽显我们的华贵。

我的毛色是火红的，但肚子雪白雪白的，爪子黝黑黝黑的，这种模样的狐狸也被叫作火狐。虽然我长的是这样子，但我的伙伴们可能看起来和我不太一样：有些毛色亮闪闪，有些则朴素一些，有的长着黑黑的肚子，有的后背上长着十字花纹，还有的是纯黑色的。

火红色的、
亮红色的、棕色的、黄色的、
黑色的，还有些
是带着斑点的。

我的皮袄可是我的骄傲呀。不过，要说我身上最最出色的部位，还得数尾巴，它又长又蓬松，既漂亮又非常有用：它就像是把舵，能帮助我急转弯，这就是我如此灵巧且很难被捉到的原因。我的尾巴还可以像毯子一样为我保暖，简直是拥有了一件温暖的皮毛外套，可惜鼻子和爪子上的肉垫一直在挨冻。瞧，我可以躺在雪地里睡觉，用我的尾巴盖住鼻子和爪子，这样，不管是什么样的严寒我都会很暖和呢！

狐狸通常长有 42

48

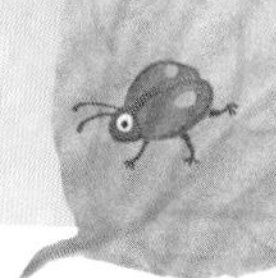

我们的身体

我的腿可能看起来不算修长，但它们强健而敏捷，还是很完美的！我的牙齿——所有牙齿都是白色的，坚固又锋利。我张开嘴咬东西时，就会露出大部分的牙齿。我们的牙齿比人类多 10 颗，所以你们就尽管羡慕我们吧！我的尾巴——简直是尾巴界的冠军，它既温暖又蓬松，还很长！我的爪子也是所有动物爪子中的第一名：凭借这样的爪子我可以挖出来任何东西，甚至可以给自己挖一个洞呢！但我可不愿意自己刨洞，我更想抢占别的动物的小窝。我正在寻找一个獾洞，等主人从洞里出来，我就爬进去并在那里留下一坨便便。我喜欢自己的气味，但不喜欢獾身上的气味！他从洞中逃了出去，眨眼的工夫我就抢占了他的洞穴。

我是多么聪明呀——聪明就是聪明！看看我想出了什么办法来对付刺猬！刺猬——浑身长满了棘刺，蜷缩成一个球，肯定没人敢靠近这一团针吧！于是我小心翼翼地用爪子把他滚到河边，再推入水中，一到水里，刺猬就会伸展开来——我就可以饱餐一顿啦！

我们的感官

我三角形的耳朵长得尖尖的，一直竖在脑袋上。它们得听得多清楚呀！即使老鼠悄悄地在高高的雪堆里沙沙作响，也不可能瞒过我，远远地我就能听到他们的声音。拥有这样的听觉，那敏锐的视力对我来说就没什么用了，所以我的视力不如听力，不过那又能怎样呢？我能看到所有需要的东西就足够了呀！也许我并不能像你一样清楚地分辨颜色，但在黑暗中我可看得比你要清楚呢！许多老鼠、野兔还有人类朋友都认为如果自己保持不动，我就不会注意到他们——也许我是真的没有发现他们，也许我只是假装自己没有发现他们。你们大概忘记了，即使你一动不动，身体也会散发出气味。我的嗅觉也是很出色的。是呀，我又有什么是不出色的呢？

距离800米远
狐狸也能听到
老鼠的吱吱声。

狐狸的眼中有一种特殊的细胞，
能够反射光线，提升夜视能力。

北美狐可以以每小时60千米的速度从猛兽爪下逃走。

狐狸纵身一跃可达4.5米远，
是自己的身长的5倍。
狐狸垂直跳跃的高度可达2米，
比成年人的身高还要高。

我灵活又敏捷

我非常优雅、灵活、敏捷——当我笔直地伸展开时，就像一把尺子一样，尾巴随风飘动，当然，前提是你能看到我。你可不要追赶我哟，我都能以每小时50千米的速度参加比赛了，可你呢？没准你可以骑着自行车赶上我。但我能随时改变方向，而你，一个急转弯就会从自行车上掉下来吧！我的跳跃能力也超强，跳起来甚至和正在低空飞翔的鸟儿一样高。我还能抓住飞舞的蜻蜓呢。当然，它们不能飞得太高，如果飞得很高，我都懒得去抓它们，就让它们自己飞吧。

如果狐狸急躁起来，就会一阵阵地吠叫。

如果它们生气了，则会发出尖锐的叫声。

藏狐栖息在海拔**5200**米的高原。

我什么都会

我的亲戚灰狐甚至还会爬树呢！他们攀爬树木去捕捉鸟类和松鼠，或者只是为了找一个安全的地方睡觉，可能就在一根舒适的树枝上。还有，和山羊相比，我攀越岩石的能力也不差。我还擅长游泳和潜水呢！有人追踪我的话，我会机敏地弄乱自己的脚印再躲藏起来。狩猎时，我可以在猎物的洞穴外假死，连续等上几个小时。有时我也会捕捉鸟类，慢慢地走着，眼神不看向它们，再不时地躺到地上，假装自己在睡觉……最后，等鸟儿习惯了我的存在，不再注意到我时，我就会立刻扑上去！

为了填饱肚子，狐狸
一天需要捕获
5~20只
老鼠。

我吃什么？

你读过《狐狸与葡萄》这个寓言吗？是的，我很喜欢吃葡萄呀，不过只喜欢吃甜葡萄。我还喜欢吃熟透了的西瓜、黄瓜和西红柿，但森林里可没有这些食物，所以我不得不打探打探你们的菜园。你们鸡舍里养的母鸡是如此愚蠢、美味……

嗯！好吧，这不过是偶尔自我放纵一下，我可不会总去偷东西吃。

我是一位猎人，老鼠是我主要的猎物。我不太常吃的食物包括野兔、鸟类、蛋、青蛙、蛇、小鱼、小虾、软体动物、昆虫……至于甜点，我喜欢吃浆果，尤其是草莓和蓝莓。

好吧，如果有想要宴请我们的游客要在附近安家落户，我也不会拒绝肉丸或香肠的，虽然这些食物对我们的健康非常有害。总之，除非是我无法得到的或有毒的食物，其余我什么都吃，我可不会任性挑食。

狐狸的食谱
中有100多种动物
和50多种植物。

狐狸的洞穴平均深度约为 **150** 厘米。

狐狸喜欢在高处休息，以便清楚地观察周围的一切。

我们的居住地

我不喜欢长途旅行——我有属于自己的一块方圆几十公里的狩猎区域，我也生活在这里。我可以睡在灌木丛中，不需要特别舒适。但有了宝宝后，我们就必须考虑住进一个舒适的洞里了。我自己刨洞，或者从别人那里抢占洞穴，还可以在一棵倒下的大树的树洞、树缝或树根里建造一个宜居的巢穴。最重要的是，这个洞必须要温暖干燥，而且有多个出入口。然而，无论我如何掩饰我的洞穴，我都要时不时地搬家。因为我们总是跑来跑去，所以会跑出一条轨迹明显的小路，各种各样的垃圾堆也会暴露我的踪迹。此外，跳蚤和其他讨厌的寄生虫也会在老旧的洞穴里快速繁殖起来。难道是因为我平常不做清洁工作吗？相比之下，我宁愿搬到新家继续乱扔垃圾。

如果洞穴已经居住了很多年，
隧道的总长可以超过 **50** 米。

一只狐狸妈妈一胎
可能产下
2~13只
狐狸宝宝。

我的家人

从婚礼过后的两个月开始，大约每年我都会生一窝狐狸宝宝。刚出生时，宝宝们什么都看不到、听不见，毛发也是深棕色的，但他们长得非常快！在他们成长的时候，我们狐狸妈妈和狐狸爸爸都无比忙碌：我们需要从早到晚捕猎，来喂养这样一群吵吵闹闹的小孩子。我的丈夫是一位出色的父亲，既体贴又细心。他不仅能带回来食物，还会照顾孩子们，这样，宝宝们就不会顽皮淘气，也不会逃得远远的。他甚至还会给孩子们捉身上的跳蚤呢！大约7个月后，我的宝宝们独立了，离开了出生的洞穴——他们将独自生活。

我的丈夫也离开了，只剩我一个人待在这里。不过，不要以为我会因此感到失落。是的，我一点都不难过，因为我们喜欢独处。我们可不是狼，他们是不群居就无法生活的动物。可我们狐狸不需要任何人的陪伴，包括我们的同类。

2岁大时，狐狸
进入成年期。
小狐狸们正在
捉金龟子，它们是在
学习狩猎呢！

为了逃避敌人的追捕，
狐狸巧妙地打乱自己的脚印，
在灌木丛里绕来绕去。

我们的天敌

我非常聪敏谨慎，因此天敌很难接近我。但我也必须保持警惕，因为我真的有很多敌人——我个头小，有些人认为我很可口。熊欺负我，狼攻击我（他们还被人类认为是我的兄弟呢），邪恶的貂熊以我们为食，老鹰也认为我是他们的猎物。但是最主要的敌人还是人类：你们因为我有时偷鸡鸭和家兔吃就来追捕我，不要为那些因我而死的鸡感到可惜，要知道，我也是会带来很多益处的：我捕食老鼠，能保护你们的庄稼免遭老鼠的侵害。你们还因为我长有美丽的皮毛想要抓住我。但我自己也需要皮毛呀，所以请放过我们吧！

你知道吗？

狐狸和它们的亲戚们是在

大约 **4000** 万年前

由一种古老的肉食动物进化而来的。

狐狸是一种我们十分熟悉的野兽，许多我们在童年时代就听过的童话中，它都是女主角。那关于它的狡猾和阴险都是真的吗？让我们一一来搞清楚……或许，让我们从它们的尾巴开始吧，毕竟尾巴是这些红色美狐身上最重要的部位呢——不仅可以作为御寒的毯子，在飞速奔跑时充当把舵，还能迷惑狐狸的追捕者。

一整个冬天，狐狸的尾巴

都散发着紫罗兰的味道。

一只狐狸正在狂奔，它想要逃离猎犬的追捕，但猎犬们追得越来越近。忽然，这只机灵鬼转向一侧，将尾巴保持成直角。猎犬们则沿着狐狸尾巴的方向继续跟它赛跑，而这只机灵鬼则朝着另一个方向飞奔而去！狐狸尾巴的尖端是白色的，从远处可以清楚地看到，所以，如果它们在一个方向摇摆着尾巴，却跑向另一个方向，就可以迷惑追捕者，这样就有时间逃脱了！

下雨下雪时，狐狸不得不竖起自己的尾巴，以免尾巴湿透之后变得非常重。

哦！借助尾巴上的白色斑点，狐狸宝宝时时刻刻都能找到自己的妈妈。狐狸爸爸、狐狸妈妈都很爱护自己的宝宝，它们都是优秀的父母。1个月大时，幼崽们就会从洞里出来玩耍嬉戏。它们你追我跑，还会在草地上滚来滚去。傍晚、夜里还有清晨，狐狸的爸爸妈妈会给幼崽们带回猎物。渐渐地，宝宝们也开始学习狩猎——一开始是捉那些大型甲虫和蜥蜴，之后就是老鼠和田鼠了。如果带着幼崽的狐狸受到了惊吓，它会叼起自己的宝宝搬去距原来的洞穴 2~3 千米的新洞穴。

可以根据尾巴尖端的白色来区分幼狐和狼。

顺便说一下，狐狸洞穴的构造非常巧妙！客厅、卧室位于距离地面 1.5 米的深处。由几个走廊式的隧道（有 5~6 个手掌那么宽）连接这些房间。每条走廊都有连接通往外面的出口。所有隧道都相互连接。这是一个名副其实的迷宫呀！为了迷惑住别人，狐狸还会沿着不同方向挖掘一些大约 2 米长、没有出口的隧道分支。

在一块狩猎区域，一般只有一个主洞穴，还有几处“储藏室”。洞穴使用的时间越久，构造就越复杂。在一些森林里，甚至都能找到由一些老旧的洞穴组成的完整的“狐狸城”。

带着幼崽的狐狸生活在洞穴里，没有家人的狐狸则喜欢在高处安家，只在严寒和暴风雪来临时它们才会躲藏起来。在躲起来休息之前，狐狸会仔细检查周围环境，并始终将脸朝向有自己脚印的方向。

狐狸的足迹有些像猫咪。要知道狗狗们可不会这么步伐均匀地跑或者奔跑呀！

狐狸的脚印非常均匀，就像书上一行一行的字母一样，看起来真的让人惊叹不已！不过，这是因为它们在不怎么着急地步行或小跑。如果你发现狐狸后脚的脚印在前脚前面，这也就意味着狐狸正在逃离某人的追捕！通过观察野兽的脚印，经验丰富的追踪者可以说出很多信息呢！

冬天，狐狸走出的脚印大约有两个手掌那么宽。

狐狸自己就能识别脚印所蕴含的信息。冬天，观察这些红色的狡猾鬼猎捕老鼠可是非常有趣呢！瞧，美狐们跑遍了雪地，不停地转变方向，有时向左，有时又向右。突然它站了起来，耳朵警觉地听着，又把脑袋倾斜一下——这是在仔细地聆听呢。它听到一阵老鼠的吱吱声，一跃而起，又开始用前爪飞速地挖雪，看！它爪子上的就是战利品！

狐狸猎捕老鼠的过程堪称一绝，一只狐狸1年能吃5000多只老鼠。

如果突然袭击没能捕获猎物，那么就要靠狐狸的诡计了！例如，狐狸经常努力吸引猎物的关注。它们会在地上翻滚，或者轻轻地尖叫，或者假装死去。鸟儿会走近看看狐狸姐姐发生了什么事，然后一下子就被“红毛劫匪”捉住了。这就是狐狸的伎俩呀！

“狐狸”一词常被用来形容那些阴险狡猾、诡计多端、精于算计的人。

凭借狡猾的头脑，狐狸不仅可以猎捕食物，还能护理好自己奢华的皮草大衣。有时，跳蚤和其他寄生虫会入侵毛发，这时它们会将一把干草或苔藓衔在口中，慢慢地倒退走入水中。跳蚤只得跟着往上爬到没有被水浸没的皮肤上。最后，狐狸会完全沉入水里，包括头部也会进入水里，这时，所有寄生虫都会聚集到最后一块干燥的“岛屿”上——狐狸口中的那把干草上。狡猾的家伙会马上吐出带着跳蚤的干草，然后迅速爬出水面！

怪不得在童话里狐狸都喜欢打扮得漂漂亮亮的——美丽的皮袄格外需要打理。

在中世纪的欧洲，狐狸被认为是女巫的同伴。在日本，有时人们认为狐狸是能够变成人的妖精，但也有时，日本人认为狐狸是长寿的象征，可以保护人免受邪恶之害。一些美洲的印第安人认为狐狸是智慧高尚的灵魂使者，也有些人将它们视为邪恶和狡猾的存在。中国人认为狐狸是可以魅惑人心的。芬兰人相信这些红色的野兽会引发北极光。

狐狸有很多昵称：小骗子、小滑头、机灵鬼、小机灵等，这些名字很可爱呀。

狐狸不仅自己有很多名称，为了纪念它们，人们还以狐狸来给其他动物命名呢。例如，在太平洋，有一种狐狸鱼在珊瑚中游来游去。还有两种海狐，分别是生活在海底的刺鳐和一种在大西洋的温暖水域中游动的鲨鱼。在南亚、东南亚、澳大利亚、新几内亚和马达加斯加等地区生活着一种狐蝠，这是蝙蝠的一类。有一种非常好吃的红色狐狸蘑菇（鸡油菌），正是因颜色与狐皮大衣相似而得名。

在我们的草坪上生长着一种狐尾草——一种长着蓬松的穗状花序的草。在热带地区，还生长着一种名为狐尾椰的树木。

在西伯利亚，黎明时分被称为“狐狸的黑暗”，因为第一道太阳光会将天空映照成和狐狸毛色一样的火红色。在俄罗斯的普斯科夫，人们认为沼泽草坪上方有低雾时，是狐狸在烤薄饼呢。在东欧地区，看到外面下起雷雨，人们会说这是狐狸在做饭呢。

日本人认为流星就是天空中的狐狸。

徽章上经常会刻画狐狸的形象。它们不仅是足智多谋的象征，同时也代表了高超的判断力。例如，俄罗斯城市萨兰斯克、苏尔古特、梅津、托特玛和萨列哈尔德、乌克兰的利西昌斯克、白俄罗斯的姆斯季斯拉夫，这些城市的市徽都装饰有狐狸的形象。

还能在天空上看到狐狸呢！在麒麟座中，有一群红色的星星被称为狐皮星云。而狐狸座正位于天鹅座以南。

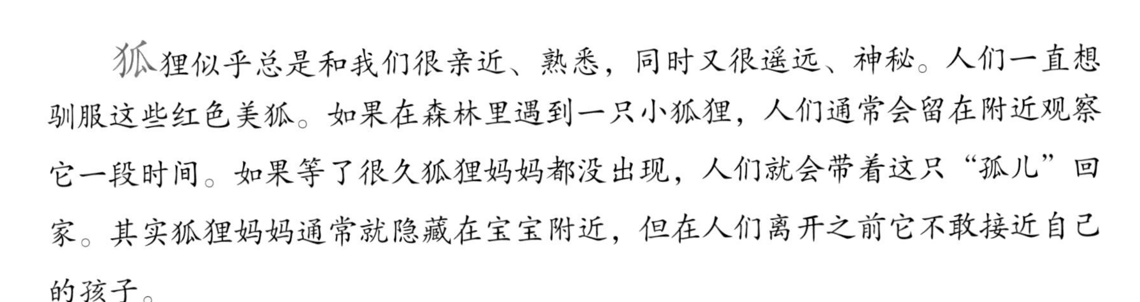

狐狸似乎总是和我们很亲近、熟悉，同时又很遥远、神秘。人们一直想驯服这些红色美狐。如果在森林里遇到一只小狐狸，人们通常会留在附近观察它一段时间。如果等了很久狐狸妈妈都没出现，人们就会带着这只“孤儿”回家。其实狐狸妈妈通常就隐藏在宝宝附近，但在人们离开之前它不敢接近自己的孩子。

不要让父母和孩子分开呀！所以你最好快一点离开那个地方！

大约在50年前，俄罗斯的新西伯利亚州开展了一项关于繁殖特种驯养狐狸的科学实验。结果收获了一批温顺又滑稽的动物，它们尾巴略微弯曲，耳朵下垂，皮毛上长着白色斑点，许多狐狸原本应是棕色的眼睛都变成了蓝色。它们的一举一动更像猫咪，而不像狗狗，当然它们也是很独立的！

但更有趣的还是观察自然界中的野生狐狸：解密它们的脚印，破解这种最狡猾的动物的秘密！

我好奇心很强，所以想去你们那里做客，顺便看看你们是怎样生活的！见到我时请不要害怕呀！

拜拜啦！
在森林的边界相见吧！

动物园里的朋友们

本套书共三辑，每辑 10 册，共 30 册。明星作者以第一人称讲故事的形式，展现每个动物最与众不同、最神奇可爱的一面，介绍了每种动物的种类、生活环境、形态特征、生活习性等各方面。让孩子们足不出户也能了解新奇有趣的动物知识。

第一辑（共 10 册）

第二辑（共 10 册）

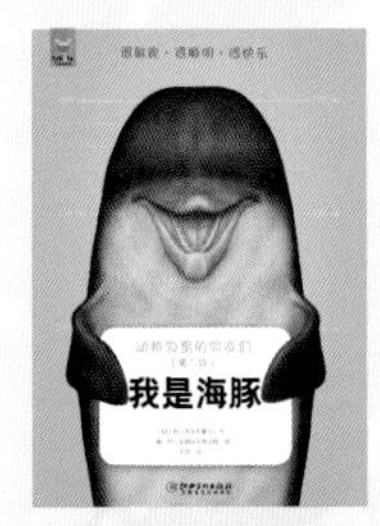

第三辑（共 10 册）

图书在版编目（CIP）数据

动物园里的朋友们. 第一辑. 我是狐狸 / (俄罗斯)
奥·沃尔科娃文 ; 于贺译. -- 南昌 : 江西美术出版社,
2020.11
ISBN 978-7-5480-7508-0

Ⅰ. ①动… Ⅱ. ①奥… ②于… Ⅲ. ①动物－儿童读
物②狐－儿童读物 Ⅳ. ①Q95-49

中国版本图书馆CIP数据核字(2020)第070941号

版权合同登记号 14-2020-0158

出 品 人：周建森
企　　划：北京江美长风文化传播有限公司
策　　划：巴拉拉
责任编辑：楚天顺 朱鲁巍
特约编辑：石　颖 吴　迪 王　毅
美术编辑：童　磊 周伶俐
责任印制：谭　勋

动物园里的朋友们（第一辑） 我是狐狸

DONGWUYUAN LI DE PENGYOUMEN(DI YI JI) WO SHI HULI

[俄] 奥·沃尔科娃 / 文 [俄] 奥·莫萨洛娃 / 图 于贺 / 译

出　　版：江西美术出版社
地　　址：江西省南昌市子安路 66 号
网　　址：www.jxfinearts.com
电子信箱：jxms163@163.com
电　　话：0791-86566274 010-82093785
发　　行：010-64926438
邮　　编：330025
经　　销：全国新华书店
印　　刷：北京宝丰印刷有限公司
版　　次：2020 年 11 月第 1 版
印　　次：2020 年 11 月第 1 次印刷
开　　本：889mm × 1194mm 1/16
总 印 张：20
ISBN 978-7-5480-7508-0
定　　价：168.00 元（全 10 册）

越亮。

兴盛乐 国兴文盛 乐在阅读

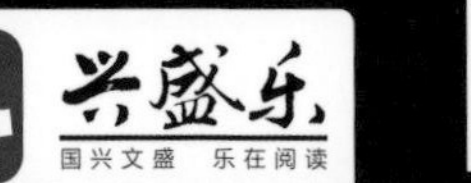

上架建议：科普绘本

ISBN 978-7-5480-7508-0

精明能干·非常可爱·无所畏惧

动物园里的朋友们
（第一辑）

我是刺猬

[俄] 玛·库切尔斯卡娅 / 文
[俄] 柳·皮普琴科 / 图
刘昱 / 译

江西美术出版社
全国百佳出版单位